Wer es verstehen kann, der verstehe es.

Wer aber nicht, der lasse es ungelästert und ungetadelt.

Dem habe ich nichts geschrieben.

Ich habe für mich geschrieben.

                                        Jakob Böhme

Jedes ausgesprochene Wort erregt den Gegensinn

                                        Joh Wolfgang v. Goethe

Ich danke

Dem Unternehmen BoD das durch seine Konzeption die Veröffentlichung auch unkonventioneller Ideen erlaubt.

U.W. Geitner

Mit dem Nichts zur Weltformel und zurück

Das Innenleben der Elementarteilchen XIII d

Copyright jan 2018 Uwe Geitner

Herstellung und Verlag BoD - Books on Demand, Norderstedt

Printed in Germany

Dieses Buch wurde im On-Demand-Verfahren hergestellt

ISBN 9 7837 4603 7240

BoD ist Mitglied im Börsenverein des deutschen Buchhandels

Inhalt

1 Einführung   6

2 Entstehung des Universums   7
3 Andere Modelle   9

4 Entstehung der Elementarteilchen   10
5 Andere Modelle   12

6 „Anhang"   12
6.1 Quanten- versus Relativitätstheorie   12
62 Einheitliche Feldtheorie   16
63 Kopplungsfaktoren und Gravitation   18

7 Mit Feldquanten zur Weltformel   19
7:1 Prinzip der Weltformel   19
7.2 Ladungsträger (Fermionen) und -mittler (Bosonen)
7.3 Optimierungsprinzp   21
7.4 Evolution   21

8 Ende des Universums   22
8.1 Verbleib von Materie und Energie   22

9 Zusammenfassung   22

Literatur   23
Stichworte   25

1 Einführung

Das vorangehende Büchlein beschreibt einen Pfad zur Weltformel. Darin geht es um die Entwicklung eines groben Rechenweges von den ersten Quanten über Wellen, Wellenpakete, Teilchen bis zu deren Eigenschaften (elektrisch-mechanischen, gravitiven usw).

Kern der Weltformel ist eine einheitliche Feldtheorie für die vier Kräfte.. Bei der Gravitation gibt es Probleme in der Konsistenz: Da das Verfahren mit etwas mehr Fachwissen verbunden ist, haben wir einen Lösungsvorschlag zur Einbindung der Gravitation in den Anhang verbannt. Da wir die Wirkungsweise der Gravitation nicht kennen, schlagen wir eine „Übergangslösung" vor. Da die Aufführungen des „Anhangs" für den kritischen Leser hilfreich sein könnten, plaziern wir den „Anhang" doch an die Stelle, die ihm zusteht: in Kap 6.

Wir gehen in den folgenden Ausführungen für einen gesamtheitlichen Erklärungsansatz davon aus, daß die einheitliche Feldtheorie gefunden sei. Angesichts der „Unschärfen" der umgebenden Forchungsfelder dürfte diese Frage u.U. zweitrangig sein.

2 Entstehung des Universums

In den vorangehenden Bänden haben wir vor allem zwei „Mechanismen" als Quellen der Entstehung ausgemacht:

Punktewolken
Raum- und Zeitquanten

Punkt als Quelle

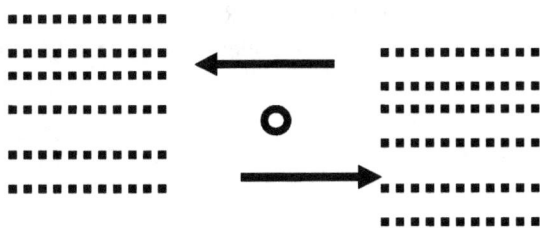

werdende impulsfähigeStruktur

Kollisionen zu Schwingungungen

Bild 2.1:   Punkt als Quelle

Beide sind physikalisch Nichts. Mit dem ersten Ansatz läßt sich eine *Wellenstruktur* gut begründen, die Impulsfähigkeit ist zusätzliche Bedingung. Bei dem zweiten Ansatz folgt der *Impuls,* zwingend aus der Konstruktion eines Raumquants. Das sind die beiden wesentlichen Eigenschaften aller elementaren Objekte.

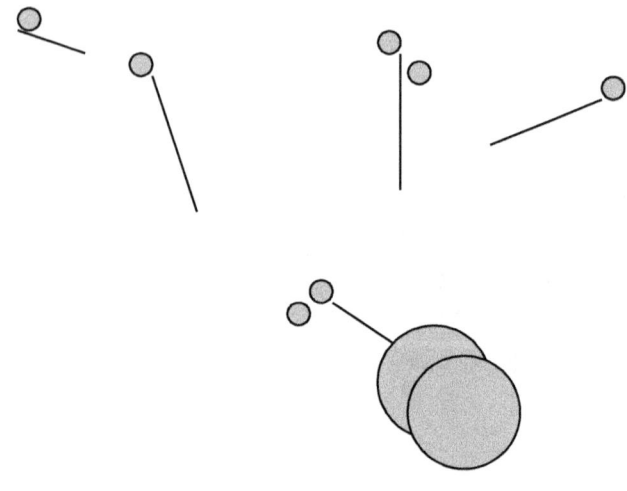

**Bild 3.5: Kollision von einzelnen Raumquanten
  mit Raumquantenwolken**

3 Andere Modelle

Um auch andere Ansätze zu würdigen, wollen wir wenigstens die bekanntesten Theorien benennen: Die Aufzählung erhebt keinen Anspruch auf Vollständigkeit, sie sollte allerdings die wesentlichen Möglichkeiten repräsentieren.

Das zyklische Universum

Eine Vorstellung, die von weiterem Nachdenken befreit (scheinbar!), ist die Hypothese, das Universum gebe es seit Ewigkeiten, sei es in wandelnder Gestalt, sei es in sich stets ähnlich wiederholenden Zyklen.

Das Nichts als Anfang und als Ende

Wir haben diesen Ansatz in vorangehenden Bänden gewählt und uns auf den Satz vom Grunde und Sinn gestützt. Wir haben dort auch den engen Zusammenhang zum Satz der Erhaltung gezeigt.

Gott

Eine These, die weiteres Nachdenken erspart (dafür Glauben erfordert) ist die Annahme, ein Gott habe das Universum erschaffen. (Oder mehrere Götter).

4 Entstehung der Elementarteilchen

Die Elementarteilchen entstehen (stark vereinfacht) durch Kollision und Anlagerung der Wellen. Damit werden die Fermionen erzeugt, die über die Felder, getragen von den Bosonen, wechselwirken: Bild *Entwicklungsstufen*

Typ der Objekte	Physikalisches Modell
Raumquanten	keine phys. Eigenschaft
Raumquanten in Kollision	Entstehung Raum, Zeit, Geschwindigkeit, Impuls, Wellen
Urquanten	Anlagerung von Wellen
Primär-, Sekundärquanten	Bausteine der Teilchen im Stdmodell
Fermionen, Bosonen (Elektron, Lichtquant...)	**Standardmodell**
Teilchen	klassisches Physikmodell

Bild 4.1: Entwicklungsstufen der Quanten

Es gibt einen Hinweis für diese These (keinen Beweis): Alle Fermionen höherer Komplexität beinhalten alle Kräftearten der einfacheren Fermionen. Die Bosonen sind stets Grundbausteine der zugehörigen Fermionen.

Standardbausteine Fermionen

Welle Ladung1 **L1**
Welle Ladung2 **L2**
Spinwelle **S** : !/2

Neutrino   Elektron   Quark

L1 L2 S   **L1 L2 S** (elektr)   **L1 L2 S** (stark)
              L1 L2 (schwa)   **L1 L2** (elektr)
                                     L1 L2 (schw)

Standardbausteine Bosonen

Welle Ladung L
Spinwelle S : 1

Graviton   Photon   Gluon

1 S (impuls)   **L1 . S**(elektr)   **L1 / 2 / 3 S** (stark)
                    L2   (magn)

Bild 4.2 : Wellenpakete

5 Andere Modelle

Wie die Bosonen laufend (!) erzeugt werden, haben wir im vorigen Band 12 gezeigt. Welche anderen Konzepte gibt es:? Die Bosonen werden von den Feldern erzeugt – und die Felder von? Den Bosonen? Es gibt auch die These von den virtuellen Teilchen, die all überall auch im Vakuum entstehen und vergehen (mit Hinweis auf die Zulässigkeit im Rahmen der Unschärfe). Und dann gibt es noch die dunkle Materie und Energie.

Gegen unsere These der Evolution der Fermionen durch Kollision und Anlagerung von Wellen läßt sich einwenden, daß man die Fermionen und Bosonen auseinander konstruieren können müßte.

6 Anhang

Im Anhang werden Themen des vorhergehendes Bandes 12 aufgegriffen und vornehmlich die Felder (Feldkräfte), ihre Wirkungsweise und ihre formale Darstellung genauer beleuchtet. Das ist für manchen nicht ganz einfach nachzuvollziehen. Er mag das Kapitel ohne Schaden überspringen. Für den kritischen Leser könnte dieses Kapitel die Entwicklung einer einheitlichen Feldtheorie als Basis einer „Weltformel" verständlicher machen.

6.1 Quanten- versus Relativitätstheorie

In der Literatur wird häufig die „Unvereinbarkeit" von Quanten- und Relativitätstheorie beklagt. Es werden Ansätze vorgeschlagen, die beide Konzepte vereinen sollen, zB die Stringtheorie und die Quantenschleifentheorie. Wir wollen hier hinterfragen, wie weit solche Versuche notwendig und hilfreich sein können. Dazu stellen wir die Unterschiede der physikalischen Grundkonzepte vor und diskutieren anschließend die Aussichten auf Vereinbarkeit oder sogar Vereinheitlichung. Vergleichen wir dazu die Grundkonzepte der

„klassischen" Physik
Physik der speziellen Relativität
Physik der allgemeinen Relativität
Quanten Physik
Physik der Subquanten

Phys	klass	sp Rel	al Rel	Quant	Subqu
Obj		Linie	gekrü Planet	Welle Licht	Zusta <Et
Bew		inertial	beschl		
Gesch	v<c	<=c	<=c	c	>c?
Masse	m<oo	...oo	...oo	0	0
Energie	mc²	m*c²...	dito	h...	Su=0
exp			+20...	-20...	
Arithm	Newton	Einst Lorentz	Einst Schwarzschild	Planck Q mech Schrödin Lagrange	Wellen
Geom	Gauß 3d	Minkow 4rer	Riemn 4rer	Heisberg Unschä	Hilbert
	m*=	Lore.tran	sform.		

Tab   Physikalische Konzepte

Aus der Tabelle können wir die wesentlichen Unterschiede ablesen. Die Spalte „Subquanten" deutet an, daß es nach der Quantenphysik noch „weitergeht" und daß die „Wellenarithmetik" ein erstes Instrument sein könnte, um die Veränderung der Zustände formal zu erfassen. Die Spalten allgemeine und spezielle Relativitätstheorie muten sehr unterschiedlich an. Aber das täuscht: die spezielle ist Teilmenge der allgemeinen. Auch die klassische Physik ist als Teilmenge (meist Grenzfall) in den anderen enthalten.

Die quanten- und die Relativitätsphysik unterscheiden sich in mindestens zwei wesentlichen Aspekten: Die Quantenphysik untersucht die Wellen(bewegung) kleinster Objekte bis zur Wirkung 10exp-30 (h), die Relativitätsphysik die (gleichsam) lineare Bewegung von Objekten bis über die Wirkung 10exp+30 hinaus. Bei der ersten spielen Unschärfe und Zufall eine wesentlich Rolle, bei der zweiten die Gravitation. Die Sichtweisen und demzufolge die Betrachtungsweisen sind also völlig unterschiedlich. Der Nutzen einer generellen Verbindung beider Sichtweisen dürfte sich also in Grenzen halten und manchmal mehr Verwirrung als Erkenntnis bringen.

Gleichwohl gibt es Fälle, in den eine solche Verbindung nützlich oder sogar notwendig ist. Beispiel Energiegleichung bei Fermionen (Ansätze von Klein, Grodon und Dirac). Hierfür gibt es etablierte Vefahren, die in der *Tabelle „Konvertierung"* zusammengefaßt sind: Vereinfacht wird bei der Einbeziehung der relativischen Ansicht die Veränderung von Masse, Gechwindigkeit und Energie (Lorentz Transformation) berücksichtigt. Bei Einbeziehung der quantenphysikalischen Sicht werden die Größen Weg, Masse, Geschwindigkeit, Energie durch die quantenspezifischen Operatoren ersetzt.

von Konz in Konz	klassisch	relativistisch	quanten
klassisch	/		E>>h
relativistisch	Grenzfall v = c	/	Rel. $E^2 = m^2 + p^4$, Lorentz, 4rer Gl.
quanten	Grenzfall E = F(h)	Quanten operatoren, Diff. gl.	/

Tab : Konvertierbarkeit der Konzepte

Es ist offenkundig mindestens unwirtschaftich, physikalische Prozesse generell klassisch *und* relativistisch zu formulieren. Dasselbe können wir für die relativistische und quantisierte Formulierung feststellen. Welches konzept verwendet werden sollte entscheiden die Art des Prozesses und die der Fragestellung.

6.2 Einheitliche Feldtheorie

In der Quantentheorie gibt es eine weitere wesentliche Unsicherheit: Die Gravitation wartet immer noch auf die Einbindung in die allgemeine Feldtheorie. Ihre Grundlage legten Glashow, Weinberg und Salam durch Verbindung der elektrischen- und schwachen Kräfte, die - in einer einheitlichen Konzeption – durch Bosonen (Elementarteilchen mit Spin 1) vermittelt werden: Photonen bei der elektrischen, W- und Z-Teilchen bei der schwachen Kraft. Bei der starken Kraft sind es die Gluonen.

Auf dieser Grundlage lassen sich beliebige Konstellationen mit den hierfür üblichen Instrumenten des Lagrange-Formalismus (Optimierung der Wirkung von Energie und Potenzial) unter Berücksichtigung der Eichtheorie (Invarianz bei lokalen u/o globalen Änderungen der Parameter) berechnen. Man sucht zunächst einen Ansatz für die (kovariante) Ableitung D und schließt von da auf den Lagrangian $L = T - V$. In diesem Zusammenhang ist die Energie meist unproblematisch, so daß nur das Potenzial V untersucht wird. So sind für D alle (vier) Feldkräfte zu beschreiben, etwa mit:
    Kopplungsstärke x Umsetzungsmatrix x Feldstärke.
Den ersten Term im Sinne der Schreibweise von Vierergrößen, die Ableitung nach der Zeit d/dt, und den Faktor –i, der sich aus der Forderung der Invarianz ergibt, lassen wir unberücksichtigt und stellen die Frage: können wir damit alle Felder berücksichtigen? Z:b. Für die schwache Kraft? Die Kopplungsstärke ist gegeben (ähnlich der elektrischen). Die Matrix muß die möglichen Isospin-zustände berücksichtigen (2 x 2 matrix) und das Feld (Art der Bosonen) kommt in vier Varianten (W0, W+, W-, Z) vor. So schreiben wir das auf für
    die schwache Kraft (u.a. im Neutrino mit W, Z)
    die elektrische Kraft (u.a.im Elektron Photon),
    die starke Kraft (Quarks und Gluonen in 9 Ausführungen)
    und die Schwerkraft?
Bei der Schwerkraft M gibt es einige ??:

M kann mit Teilchenart und –gruppe variieren
Was sind die Vermittler – Bosonen?
Wie wirkt M = f (??)

Das erste Problem läßt sich entschärfen, wenn es einen Rechenansatz für M gibt. Den haben wir in Bd I (dt vergriffen, s.engl.Ausgabe) auch für die verschiedenen Generationen der Fermionen beschrieben M ~ 10^{2n} KeV (n = Zahl der Subquanten). In BdXII (S 23) wird dieser empirische Ansatz physikalisch begründet. Hier können wir feststellen, daß n der Zahl der Kraftfelder (ohne Gravitation) entsprechen muß. Diesen Ansatz ergänzen wir durch eine Matrix für beondere Gruppen z.B. :
Fermionen z.T:+ „interne" Feldkräfte
Bosonen mit M>0 ~ 100 GeV

Eine 2x2 oder 3x3 Matrix dieser Art ist so lange gültig bis die Wrkungsweise von M klarer wird. Die Matrix muß so angelegt werden, daß die Maßeinheit denen der anderen Feldstärken entspricht, zB eV (wie für die Energieangabe bei Teilchen üblich) oder Ns (wie für h üblich). Jedes Ergenis wird mit der aus Experimenten bekannten Kopplungsstärke der Gravitation (10^{-40}) gewichtet.

Der Lagrangian enthält dann (gemäß der Wahrscheinlichkeitsinterpretation) für alle aktiven Kräfte (incl. Gravitaion) Terme der Form
Wellenfunkt adjungiert x D x Wellenfunkt.
Für ein Lepton wie das Elektron sind also zu berücksichtigen
D (elektro)schwaches Feld,
D elektrisches Feld und
D Gravitationsfeld vom Elektron.

Die „zusätzlichen" Felder (schwaches und schwere..) fallen wegen ihrer geringen Wirkung, nicht zuletzt bedingt durch den

Kopplungsfaktor, kaum ins Gewicht und werden in den Rechnungen z.T. weggelassen.

Wir sehen, daß die doppelte Berücksichtigung der Masse im Massenffeldterm und in der Kopplungskonstante durchaus sinnvoll ist. Hier geht es uns vorallem darum, der Gravitation einen gleichberechtigten Platz in der Feldtheorie einzuräumen.

Ein größeres Problem scheint die Identifizierung der Vermittlungsteilchen zu sein: Ein Graviton wurde nirgends gesichtet. Folgen wir schlicht dem Herrn Higgs. Er postuliert sein Higgsfeld all-über-all. Warum nicht eines für Gravitonen. Wir können vermutlich auf den Symmetriebruch und die Konstruktion der negativen Vakuumenergie verzichten, sofern die Gravitonen ihre Energie (S?) direkt auf alle getroffenen Objekte übertragen. Damit hätten wir zudem eine bessere Begründung der Gravitation als die Raumkrümmung (Über das Rechenverfahren sei damit keine Aussage gemacht).

6.3 Kopplungsfaktoren und Feldstärke (Gravitation)

Die Feldstärke beschreibt die Kraft zwischen den Ladungsträgern (Fermionen). Sie ist, wie durch den Begriff beschrieben, eine Kraft: Newton pro Ladungseinheit (N/..). Die Ladungseinheit ist bei der elektrischen Kraft 1 Coulomb (N/C = V/m), bei der magnetischen 1 Am (N/Am = Telsa) bei der schwachen? bei der starken? bei der Schwerkraft 1 Kilogramm (N/kg). Wegen der untereschiedlichen Ladungen als Bezugsgrößen macht eine vergleichende Betrachtung (z.B. in Rechenformeln) wenig Sinn).

Hier ist der Kopplungsfaktor die bessere Wahl. Sie beschreibt die Kraft zwischen den Ladungsträgern (Fermionen) und Ladungsvermittlern (Bosonen). Wie der Begriff schon andeutet, ist er eine dimensionslose Größe, eine Vergleichsgröße der

Kräfte. Bei der elektrischen Kraft sind Ladungsträger und Ladungsvermittler Elektron und Photon, der Kopplungsfaktor koel = elektr-Ladung^2 /Planckladung^2 =1/137. Die Verbindung zur schwachen Kraft ergibt sich aus der senkrechten Lage der Felder (Photon und W), dem Weinbergwinkel: koschw = koel / $\sin^2$w. (Bei Z etwas anders). Für die starke Kraft (kosta ~ 1) und die Gravitation (kogra ~10^{-40} bleiben Bestimmungsverfahren der Raumkrümmung u/o Messung.

7 Mit Feldquanten zur Weltformel

7.1 Prinzip der Weltformel

Mit der „Weltformel" wird ein Verfahren gesucht das die Bewegung eines beliebigen Objektes zu beschreiben vermag. Den Einstieg in eine Weltformel soll eine einheitliche Formel für die verschiedenen Felder bieten. Für die elektrischen, schwachen (elektroschwachen) und starken Felder steht der Ansatz von Lagrange (Wirkungsoptimierung von kinetischer und potenzieller Energie), nur die Gravitation fehlt noch. Den Nutzen auch einer umfassenden Lösung sollte man nicht überschätzen: Sie sagt nichts oder wenig über die Entstehung der Ladungen und der Felder und ebenso wenig über ihren „Verbleib".

7.2 Ladungsträger (Fermionen) und -mittler (Bosonen)

„Ausgangsumgebung" für die einheitliche Feldformel sind die Ladungen (Ladungsträger, die Fermionen wie Neutrino, Elektron, Quark) und die Ladungsvermittler (die Bosonen wie Photon, Gluon, Graviton nebst W und Z). Die Vermittler sind masselos, nicht so W und Z. W und Z transportieren im Unterschied zu den anderen Bosonen die gesamte (elektroschwache) Ladung. Deshalb die ca 1000-fache Masse eines Fermions wie dem Elektron?

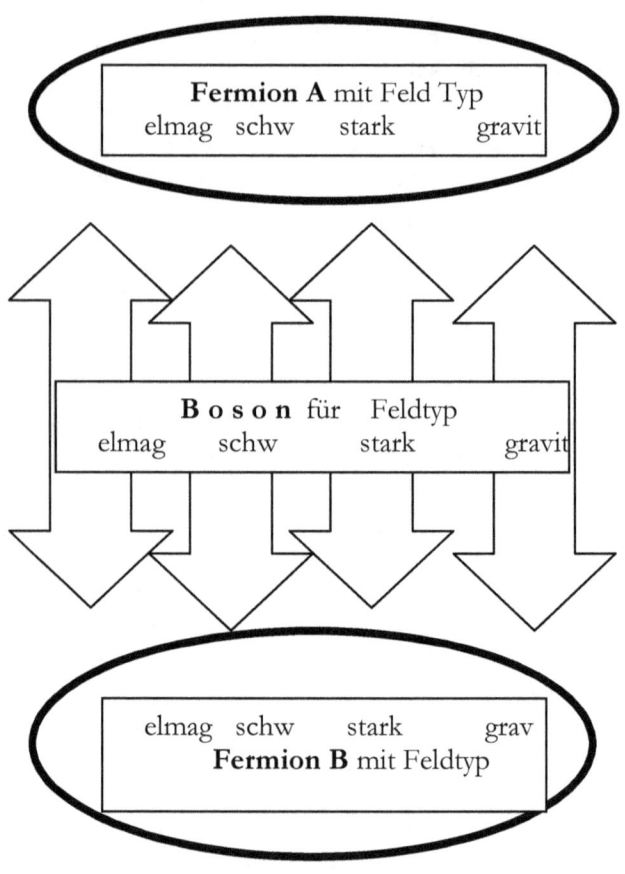

Bild : Interaktion der Elementarteilchen
  Fermion Boson

7.3 Optimierungsprinzp
Die einheitliche Feldformel soll die Lage u./o. Bewegung eines Teilchens bestimmen – mittels Optimierungsansatz. Im Fokus stehen die potenziellen Energien in Form der Feldkräfte, die kinetischen sind meistens transparent. Außer für die Gravitation ist alles geklärt. Ein größeres Hindernis ist dabei dabei der Mangel an Erkenntnis über die Funktionsweise der Gravitation. Wir haben dafür in den vorangehenden Bänden einen Vorschlag gemacht, der von einem permanenten überall vorhandenem skalaren Feld ausgeht.

Unabhängig davon können wir die Wirkung relativieren, denn sie ist (Kopplungskonstante) 10^{40} mal kleiner als die der anderen Felder. Die Unschärfen können mit einer teilchenspezifischen Matrix aufgefangen werden. Damit können wir eine vereinheitliche Feldformel schreiben, wie im Anhang (Kap. 6) vorgeschlagen. Der Anfang für die Weltformel wäre gewagt: Wir könnten Lage und Bewegung jedes Teilchens im Universum feststellen. Der praktische Wert davon? Nahe Null. Der theoretische??

7.4 Evolution
Kann diese Erkenntnis etwas zum Verständnis des Seins, des Lebens beitragen? Ein wenig. Sie unterstützt die Vermutung, daß

> alle (materiellen) Prozesse formulierbar sind
> daß alle diese Prozesse einer Regel folgen, der Optimierung.

Übertragen hieße das: die Evolution ist ein ständiger Optimierungsproze߬– auch!

8 Ende des Universums
8.1 Verbleib von Materie und Energie

Mit der allgemeinen Feldformel haben wir einen Faden zum Anfang des Universums in der Hand. Zeigt er auch einen Weg zum Ende? Er müßte Hinweise zur Vernichtung von Materie und Energie geben. Nach dem Satz der Erhaltung ist diese ausgeschlossen. Denkbar wäre eine Nivellierung durch Überlagerung von Wellen. Das geht nur mit Wellen gleicher Länge. Es scheint eher wahrscheinlich, daß sich Materie und Energie räumlich weiter ausdehnen als daß sie sich verdichten. Sie könnten sich bis zur Grenze der Erkennbarkeit (durch wen oder was?) ausdünnen und damit dem Sein ein faktisches Ende bereiten, ein Ende im „faktischen Nichts".

9 Zusammenfassung

Die Einheitliche Feldformel ist mit etwas wissenschaftlicher Toleranz für alle bekannten Felder formulierbar. Sie gibt damit einen Einstieg in den Anfang des Universums. Sie erklärt nicht die Entstehung der Teilchen (Fermionen un Bosonen). Eine Erklärung über die Entstehung von Wellen und einer „evolutionären" Wellenanlagerung haben wir in den vorangehenden Bänden gegeben. Über die Feld- und Weltformel haben wir uns hier wieder dem Ende und dem Nichts genähert.

Vom Nichts über das Sein wieder zum Nichts. Physikalisch/ mathematisch/ logisch formulierbar. Welche Aussage folgt daraus für nicht physikalisch/mathematisch/logisch Formulierbares? Fast keine! Eventuell eine: Wir dürfen den Göttern mehr zutrauen als uns die Bibel, der Koran und andere Glaubensschriften vermuten lassen.

Literatur

Derselbe Autor

Das Innenleben der Elementarteilchen. Bod.de 2008

Structure of Quantum I. Amazon.com 2010

Das Innenleben der Elementarteilchen II. Felder, Ladungen, Kräfte. Bod.de 2009

La structure des Particules élémentaires III. Le Néant le Tout et Dieu. Bod.fr 2me ed. 2012

Structure of Quantum IV General Model. Bod.de 20010

Das Innenleben der Elementarteilchen V. Detailmodell. Bod.de 2010

La structure des Particules élémentaires VI. Les règles du néant du tout et du Dieu. Bod.fr 2012

La structure des Particules élémentaires VII f 3me ed. Le Début de l'Univers Bod.fr 2012

Der Sinn des Individuums und des Universums. Das Innenleben der elementarteilchen VIII d.BoD.de 2012

Le Sens de l'Indinidu et de l'Univers La structure des Particules Élémentaires VIII f. BoD.fr 2013

Rätsel der Teilchen und des Universums. Das Innenleben der Elementarteilchen IX d.BoD.de 2013

Der Schlüssel des Universums. Das Innenleben der Elementarteilchen X d.BoD.de 2014

Der Pfad zur Weltformel. Das Innenleben der Elementarteilchen XI d.BoD.de 2015

L'ombre de l'homme dans l'Univers La structure des Particules Élémentaires XII f. BoD.fr 2017

Schatten im Universum. Das Innenleben der Elementarteilchen
XII d.BoD.de 2016

Stichworte

Big bang 34
Boson 23,25, 30
Chiralität 33
Dunkle Mat, Energie 18, 33
Einstein 27f
Etwas 16
Farbe, flavor 23

Fermion 33
Felder 22ff, 29
Fernwirkung 32
Feynman 33
Goldstone Boson 30
Gott 8, 36f
Gravitation 27

Higgs 18,21, 27f
Impuls 13,28
Ladung
Kräfte 25
  Elektromagnetische 25
  Gravitation 27
  Starke 25
  Schwache 27

Lichtgeschwindigkeit 21
Masse 21, 27
Nichts 8,14, 16
Paritätsverletzug 33
Pole 25f
Potential 25, 30
Quanten 10f, 22,32
  Qtheorie 14, 32f
  Q ebenen 18 f
Raumquanten 10ff, 21
Relativistisches Konz 34
Satz
  Erhaltungs- 13
  Vom Grunde 8, 13
Schrödinger 14
Spin 25, 31f
Stringtheorie 35
Teilchen 24
Unendlichkeit 14, 16
Unschärfe 32
Urknall 22, 34
Vakuum 18
Virtuelle Teilchen 18, 33

Welle 15, 22ff
Wirkungsquantum 10,13

www.ingramcontent.com/pod-product-compliance
Lightning Source LLC
Chambersburg PA
CBHW050254230526
45470CB00005B/2266